PLAN PARTICIPACIÓN CIUDADANA EN UNA ZONA BÁSICA DE SALUD

PLAN DE COMUNICACIÓN - ESTRATEGIAS COMUNITARIAS.

Favorecer la participación ciudadana en las actividades del sistema sanitario de Atención Primaria y que éstas estén centradas en las necesidades del ciudadano, ya que, es el principal protagonista, usuario, consumidor y propietario de su salud.

participación ciudadana

Plan de participación ciudadana

Plan Participación Ciudadana

PLAN PARTICIPACION

Elaborado por:
Mª del Carmen Romero Luque

Trabajadora Social De Salud

es el principal protagonista, usuario, consumidor y propietario de su salud.

Málaga
[septiembre de 2012]

Plan de participación ciudadana

> De cual felices serían los hombres si cada individuo tratase de promover el bien de todos, y todos el bien de cada individuo (Moritz)

Plan de participación ciudadana

INDICE

INTRODUCCION

MARCO LEGAL

JUSTIFICACION

PLAN DE COMUNICACIÓN

Objetivos generales
Objetivos específicos
Actividades y tareas por objetivo
Comunicación externa:
 * Destinatarios de la información
 * Tipología de la información a difundir
 * Planificación de las acciones.
 * Esquema funcional comunicación externa
Comunicación interna:
 * Destinatarios de la información
 * Tipología de la información a difundir
 * Planificación de las acciones
 * Esquema funcional comunicación interna
Calendarización
Evaluación

ALCANCE DEL PLAN

BREVE DESCRIPCIÓN DE UNA POBLACIÓN QUE ALCANZA UNA UGC

* Introducción
* Infraestructura de la zona de salud
* Gráficos, tablas y pirámides de la población que abarca

ESTRATEGIAS DE PLANIFICACIÓN DESARROLLADAS:
*Trabajo realizado con y para la comunidad

TERMINOLOGÍAS - DEFINICIONES....

BIBLIOGRAFIA

INTRODUCCION

El avance hacia una sociedad más compleja implica que las personas reclaman cada vez más capacidad de decidir sobre los temas que las afectan como comunidad o individualmente. Al mismo tiempo, el compromiso de los ciudadanos, las organizaciones y los profesionales es cada vez más necesario para afrontar los nuevos retos sociales.

En el ámbito de la salud, este cambio afecta principalmente a dos espacios; por una parte, el político-social, que es el marco de las políticas públicas y, de otra, el de los ciudadanos, concretamente el de las decisiones sobre la propia salud.

Podríamos decir que la participación ciudadana es la intervención activa y consciente en procesos organizados para la toma de decisiones en asuntos de interés público. Esta participación se fundamenta en el derecho a la participación de personas físicas, entidades o asociaciones. Se trata de un derecho positivo, establecido en los principales textos de nuestro ordenamiento jurídico: Constitución Española y Estatuto de Autonomía de Andalucía. Asimismo, en la Ley de Salud de Andalucía, el Título III trata de Participación Ciudadana.
La implicación comunitaria es esencial para identificar y abordar los principales determinantes de la salud que tienen que ver con la situación socioeconómica, cultural y medioambiental de la población y la actividad económica;

sus condiciones de trabajo y de vida (alimentación, educación, ambiente laboral, servicios de salud, vivienda, etc.); estilos de vida Individuales, o estructurales, por eso es conveniente la actuación en estas áreas de la ciudadanía.

La sociedad civil precisa de un impulso decidido que le otorgue voz en el debate público y evite la exclusión de determinados sectores sociales en una situación de fuerte desarrollo económico y creciente diversidad social y cultural.

Crear y fortalecer redes ciudadanas representativas de la rica complejidad social; aumentar la autonomía de los colectivos; integrar la diversidad y la pluralidad de voces en la toma de decisiones, así como privilegiar la cooperación horizontal entre instituciones y sociedad civil, son expresiones de una nueva forma de hacer política en el ámbito local, y que ha sido denominada como "gobernanza".

La democracia, en un estado avanzado de consolidación y desarrollo, precisa abrir cauces directos con la ciudadanía que completen la tradicional cita electoral. Una sociedad cada vez más formada e informada, más dinámica, plural y libre, necesita mecanismos flexibles y continuos de participación y debate público.

La Participación Ciudadana no sólo evita, por tanto, la distancia entre sociedad civil y política. Es además una garantía democrática para el buen funcionamiento de las instituciones y para la transparencia en la gestión. La participación de la ciudadanía en los asuntos públicos, en niveles locales y micro-locales, contribuye al desarrollo sostenible del territorio y a la mejora de la convivencia y del espacio común, así como al aumento de los niveles de satisfacción mediante la co-decisión, la co-gestión y la gobernanza.

La participación ciudadana dentro del sistema sanitario ha de ser, por tanto, una política transversal, una metodología de trabajo que impregne todas las áreas de gestión y no una política segregada del resto.

Plan de participación ciudadana

PIRAMIDE DE INFORMACION PARA ANALIZAR LOS COMPONENTES DE LA SALUD DE UNA COMUNIDAD

Políticas sanitarias

Servicios de salud y medio ambiente   **Entorno socioeconómico**   **Servicios sociales**

Entorno físico   **Organización y estructura de la comunidad**   **Enfermedad y discapacidad**

Composición de la comunidad	Capacidad de la comunidad

MARCO LEGAL

I.-LEGISLACIÓN ESPAÑOLA SOBRE PARTICIPACIÓN

- **CONSTITUCIÓN ESPAÑOLA**

Reconoce el derecho a la participación en la gestión del Estado, dándose a éste el mismo grado de protección que a los derechos llamados fundamentales.

- **LEY GENERAL DE SANIDAD**

Reconoce y regula en su articulado a la participación ciudadana en la gestión y planificación de la atención a la salud.

- **LAS COMUNIDADES AUTÓNOMAS**

La mayoría de las CCAA.

Han desarrollado normativa sobre órganos de participación como los Consejos de Salud.

- **LEGISLACIÓN ESPECIAL**

Consumo, Ley General para la Defensa de los Consumidores y Usuarios 26/19 Julio 84. En ella el derecho a la participación está recogido en su Capítulo VI (Artículos 20, 21 y 22).

- **DOCUMENTOS COMPLEMENTARIOS**

Plan de participación ciudadana

En el primer libro de la Guía de funcionamiento de los EAPS publicadas por el Ministerio de Sanidad y Consumo en 1984 define las relaciones de EAP con la población. La participación se facilitará a través de diferentes mecanismos, siendo el fundamental el de la educación para la salud.

JUSTIFICACION

En consonancia con los diversos organismos internacionales (OCDE, OMS, Consejo de Europa..) que han emitido recomendaciones sobre la participación de los ciudadanos en el proceso de toma de decisiones en los sistemas sanitarios y más en concreto en nuestro contexto, en donde la participación ciudadana ha sido recogida en la Ley de Salud de Andalucía, el III Plan Andaluz de Salud y el II Plan de Calidad de la Consejería de Salud, sin olvidar, que en el ámbito de la gestión de los centros asistenciales, el Contrato Programa para 2009 entre el SAS y éstos, establece un objetivo consistente en la elaboración de un Plan de Participación Ciudadana.

En el inicio de un proceso de intervención y participación de la comunidad para enfrentar los problemas y contribuir a la mejora de la calidad de vida de la población del territorio, debemos contar con todos los servicios y recursos existentes, pues la alianza por la salud debe apoyarse en la intersectorialidad y colaboración de las instituciones y administraciones.

Un sistema sanitario cuyo objetivo es la provisión de servicios médicos curativos, con escasa dedicación a la prevención y promoción, establece relaciones que suelen agotarse en la consecución de un mínimo de satisfacción.

Por el contrario, un sistema que comparta la producción de servicios curativos y preventivos con programas de promoción de salud necesita de unos dispositivos de relación más complejos, flexibles y bidireccionales con las personas que atiende.

Por todo lo anterior, el fin principal de este programa es favorecer la participación ciudadana en las actividades del sistema sanitario de Atención Primaria y que éstas estén centradas en las necesidades del ciudadano, ya que, es el principal protagonista, usuario, consumidor y propietario de su salud.

LA PARTICIPACIÓN EN SALUD, UNA NECESIDAD TÉCNICA

OBJETIVO	RESOLVER PROBLEMAS DE SALUD	
MÉTODO	**ENFOQUE INTEGRAL**	
	Biológico	Promoción
	Psicológico	Prevención
	Social	Atención
		Rehabilitación
		Reinserción
ACTORES	**PROFESIONALES + POBLACIÓN**	
	Sanitarios	Individuos
	No Sanitarios	Familias
	Otros Colectivos	Comunidad
INSTRUMENTOS	**CORDINACIÓN + PARTICIPACIÓN**	
	Casos	Individual
	Actividades	Familiar
	Protocolo	Grupos
	Programas	Colectivos organizados

Plan de participación ciudadana

En el contrato Programa del Servicio Andaluz de Salud del 2009 se propone como objetivo la elaboración de un Plan de Participación Ciudadana, en el que se plantea como estrategia previa, la elaboración de un **PLAN DE COMUNICACIÓN**, desde las diversas UGC de las ZBS existentes.

PLAN DE COMUNICACIÓN DESDE UNA UGC

Para poder en marcha un programa de intervención comunitaria, es requisito el diseño e implementación de un sistema sanitario integrado en la comunidad que requiere desde su inicio un proceso de participación de la ciudadanía, con preocupación especial en la convocatoria de aquellos sectores de la comunidad que, por su ubicación en el sistema social, no tienen capacidad de hacerse escuchar, de utilizar mecanismos de presión o de hacer llegar sus puntos de vista, pero que, sin embargo, vivirán directamente el impacto de las decisiones que se tomen. Junto con analizar mecanismos para la participación ciudadana en el diseño de una política de salud, es imprescindible que la propuesta de salud considere como eje central el tema de la participación.

Entre las tareas que se deben realizar antes de salir a la comunidad con una propuesta concreta son, entre otras: Una primera aproximación al conocimiento de la comunidad, conocer los recursos
con los que cuenta (servicios, tejido asociativo, instituciones...), identificar y contactar con los líderes (formales e informales), conocer las necesidades de salud y que relaciones de colaboración podemos establecer con los entes comunitarios.

La finalidad de este **Plan de Comunicación** es conocer los grupos de interés y a la ciudadanía a la que presta servicio y establecer cauces de relación y desarrollo para futuras alianzas entre el centro de salud y el tejido asociativo.

En términos generales, la Participación en Salud es representada socialmente como la posibilidad de emitir opinión o "ser escuchado por parte de las instituciones, desde la calidad de actor individual o de comunidad organizada, en el planteamiento de las demandas al sistema; la posibilidad de ejecutar acciones (proyectos), estableciendo un nexo entre institución y comunidad, y, por ultimo, la posibilidad de ejercer control sobre el desempeño del sistema.

Para elaborar un Plan de Comunicación se puede partir de los siguientes puntos de reflexión:

- ¿Con quién hemos de mejorar la comunicación?

    Tenemos que conocer la población a la que nos dirigimos, para diseñar, en cada caso, la estrategia de comunicación más adecuada definiendo los grupos de interés y determinando los flujos de comunicación entre ellos.
    No debemos olvidar, que dependiendo de la población a la que nos dirigimos nos condicionará los canales de comunicación y los mensajes que queramos transmitir.

- ¿Con que objetivos?

    Informar, motivar, facilitar el conocimiento de los servicios que se ofertan.

- ¿Sobre que temas?

    Una vez definidos los objetivos y a quien va dirigida, se ha de decidir cual es la idea que se quiere transmitir. En este punto, se ha de tener siempre muy claro el contenido de la información que se va a comunicar, que en nuestro caso, estará encauzado en el mundo sanitario.

- ¿A través de que canales?

    En este punto es muy importante conocer los hábitos de la población a la que vamos a dirigir nuestra comunicación, lugares que frecuentan, radios que escuchan, prensa que leen, en definitiva, aquellos medios que se van a utilizar y que nos garanticen una comunicación efectiva.

- ¿Con que seguimiento?

    Es preciso comprobar si se han cumplido o no los objetivos propuestos, y las razones por las que se han cumplido o no, lo que supone el establecimiento de mecanismos de evaluación

OBJETIVOS GENERALES:

Difundir y facilitar el conocimiento de los servicios que se ofertan desde los centros de salud de las diversas UGC y establecer los cauces de relación con las entidades que operan en la ZBS.

OBJETIVOS ESPECIFICOS:

I.- Identificar los grupos de interés a los que prestamos servicios.

II.- Establecer contacto formal con los grupos de identificados.

III.- Difundir y facilitar nuestros servicios.

IV.- Hacer partícipe a la UGC del Plan de Comunicación.

Plan de participación ciudadana

ACTIVIDADES Y TAREAS POR OBJETIVOS:

OBJETIVO I.- Identificar los grupos de interés a los que prestamos servicios.

Actividades:

1) Conocer e identificar las asociaciones, ONGs, instituciones y entidades que operan en la zona o núcleo de población en la que desde el centro prestamos los servicios.

2) Recogida y actualización de los datos de las entidades identificadas (denominación, nombre del representante, dirección, teléfono, fax, correo electrónico, página Web, persona de contacto, finalidad u objetivo de la entidad). (ANEXO I)

Tareas:

1) Elaborar, completar y/o actualizar el listado de entidades.
2) Contacto personal o telefónico para recogida de información y comprobación de datos.

OBJETIVO II.- Establecer contacto formal con los grupos identificados.

Actividades:

1) Identificar los líderes ó representantes y conocer la finalidad de la organización.

2) Contacto con los representantes de las entidades para establecer relaciones y canales recíprocas de comunicación.

Tareas:

1) Localizar a los representantes de las entidades.

2) Contactar personalmente o por teléfono donde se le explica el objetivo que pretendemos.

Se pueden definir soportes diferentes de comunicación:

a) <u>Soporte escrito:</u>
- **Cartas personales**
- **Carteles**
- **Circulares en papel**
- **Medios de comunicación**
- **Publicaciones impresas**
- **Tablones de anuncios**
- **Buzón de sugerencias**
-

b) <u>Soporte electrónico:</u>
- **Internet, Intranet**
- **Correo electrónico**

c) <u>Soporte oral:</u>
- **Reuniones**
- **Entrevistas directas y personalizadas**
- **Atención telefónica**

OBJETIVO III.- Difundir y facilitar los servicios que desde el centro prestamos.

Actividades:

1) **Envío de una carta de presentación al representante de la entidad mediante la cual explicamos nuestra intención (ANEXO II), junto con una guía de servicios del Centro de Salud (ANEXO III).**

2) **Periódicamente, se enviará, por correo ordinario o electrónico, información de interés sobre servicios, programas y consejos sanitarios.**

3) **Envío de las noticias publicadas en intranet desde los Distritos Sanitarios.**

4) **A través de los medios de comunicación local existentes (TV, radio y prensa), difundir noticias y recomendaciones sanitarias de interés para los ciudadanos.**

Tareas:

1) **Elaboración de la carta de presentación. (ANEXO II)**

2) **Elaboración de la Guía de Servicios de los Centros de Salud.(ANEXO III.)**

3) **Enviar por correo ordinario a cada entidad ambos documentos (carta y guía).**

4) **Elaboración de la información sanitaria o consejos que deseamos trasmitir a la población a través de los diferentes medios de comunicación o canales de transmisión.**

Existen distintos niveles de difusión, según se vaya a difundir la información a toda o tan solo a una parte de las entidades:

- **A todas la Entidades que forman parte de la comunidad de la ZBS.**
- **A determinadas entidades, seleccionando el sector de población al que queremos llegar en determinados momentos.**
- **A todo el personal de la UGC.**

- A una parte del personal de la UGC (por categorías, por programas...).

TEMPORALIZACIÓN.

Referida Al tiempo que se empleará en emitir una información como para actualizar una información ya comunicada con anterioridad: Instantánea, diaria, semanal, mensual, trimestral, semestral, anual, permanente.

TIPOLOGÍA DE LA INFORMACIÓN QUE SE VA A DIFUNDIR.

A la hora de definir los tipos de información debemos valorar, por un lado:

- A los potenciales usuarios del sistema (usuarios de la propia institución y usuarios externos).
- Y por otro, la implementación de mecanismos de retroalimentación, puesto que la valoración y opinión vertida sobre el servicio es fundamental para alcanzar cotas de calidad.

La información se puede estructurar en dos grandes grupos:

- Información propia de interés sobre el funcionamiento del servicio (información de tipo general), así como específica de cada centro.

- Información externa estructurada.

Los tipos de información a difundir los podemos definir en cuatro grupos, siguiendo la clasificación de RODRÍGUEZ I GAIRÍN:

a) **Información de tipo estructural:** toda la información que hace referencia al centro de salud como tal (horarios, servicios ofertados...)

b) **Información de tipo formativo:** la información relativa a educación sanitaria, recomendaciones y consejos sanitarios.

c) **Información de tipo funcional:** normativa básica de funcionamiento del servicio.

d) **Información de tipo contextual:** para mostrar que hacemos y que resultados tenemos (planes de actuación, programas que realizamos...)

COMUNICACIÓN EXTERNA

Podemos definir la comunicación externa como el proceso de intercambio de la información que se desarrolla de un modo permanente y dinámico entre el centro de Salud y el usuario externo.

La elaboración del Plan de Comunicación Externa debe servir para mejorar y reforzar el conocimiento que tanto las entidades, grupos de usuarios como la comunidad en general poseen del centro de salud.

La utilidad del plan reside en su capacidad de servir de instrumento para:

- Mantener una imagen positiva del centro de salud.
- Establecer cauces de relación y fomentar la comunicación recíproca entre el centro y las entidades que operan en la ZBS.

DESTINATARIOS DE LA INFORMACIÓN.-

El Plan de Comunicación estará dirigido hacia los grupos de interés y a la ciudadanía a la que prestamos servicios y con uso frecuente de los servicios sanitarios:

- Asociaciones de; afectados por enfermedades, personas mayores, voluntariados, con déficit intelectual y físico, inmigrantes...

- Instituciones o centros donde residen y acuden personas; mayores, menores, dependientes, con minusvalías físicas o psíquicas y afectadas por alguna patología.

- Centros donde ofrecen algún tipo de prestación de servicios a los diferentes sectores de la población.

- Cuerpos y fuerzas de seguridad que presta un servicio a la población en situación de crisis o emergencias.

- Instituciones políticas.

- Medios de comunicación.

TIPOLOGÍA DE LA INFORMACIÓN A DIFUNDIR.-

La tipología de información sería la determinada en el esquema funcional comunicación Externa del plan, es decir:

1) Información de tipo estructural.
2) Información de tipo formativo.
3) Información de tipo funcional.
4) Información de tipo contextual.

PLANIFICACIÓN DE LAS ACCIONES.-

Para la planificación y desarrollo de la comunicación externa es necesario:

1) Identificar los grupos de interés al que prestamos servicios. (ANEXO I.)

2) Establecer contacto formal con los grupos de interés y conocer sus necesidades.

3) Difundir y facilitar el conocimiento de los servicios que oferta el Centro de Salud.

Plan de participación ciudadana

4) Diseñar el contenido de la información que vamos a ofrecer. (ANEXO II Y III)

5) Establecimiento del calendario de actuaciones.

ESQUEMA FUNCIONAL COMUNICACIÓN EXTERNA.-

TIPO INFORMACIÓN	CONTENIDO	TEMPORALIZACION	NIVEL DEDIFUSION	CANAL	RESPONSABLE
TIPO ESTRUCTURAL	• Horarios • Servicios ofertados • Nuevos servicios • Avisos y sugerencias	Actualización continúa	A todas la entidades de la Comunidad	• Web SAS • Correo electrónico • Circulares en papel • Medios comunicación local	Director de la UGC Coordinador de Cuidados UGC
TIPO FORMATIVO	• Guía o manuales sobre programas. • Consejos sanitarios o recomendaciones. • Información sobre E.P.S. • Temas sanitarios de interés general	Trimestral	• A todas las entidades de la Comunidad. • A sectores de población específicos.	• Correo electrónico. • Circulares o cartas. • Reuniones. • Entrevistas directas. atención o atención telefónica. • Medios de comunicación local.	Director y Cood. --- Cuidados de la UGC Cualquier miembro UGC .que se responsabilice del tema.
TIPO FUNCIONAL	• Norma básica de funcionamiento del servicio. • Normas generales de acceso	Trimestral, cuando surja la necesidad	• A toda la población. • A sectores concretos a los que nos	• Correo electrónico. • Medios de comunicación local	Director C. de Cuidados Jefa de Grupo de la UGC

Plan de participación ciudadana

OBJETIVO IV.- Hacer partícipe a la UGC del Plan de Comunicación.

Actividades:

1) **Dar a conocer a la UGC el Proyecto elaborado sobre el Plan de Comunicación.**

2) **Informar a la UGC sobre el tejido asociativo y los grupos de interés que conforman la comunidad a la que prestamos servicio.**

3) **Participar en la ejecución de las actividades de difusión de los servicios.**

Tareas:

1) **Reunión con los profesionales de la UGC para exposición del Plan de Comunicación e informarles del tejido asociativo de la ZBS.**

COMUNICACIÓN INTERNA

La comunicación interna es el proceso de intercambio que se desarrolla de una manera permanente y dinámica entre los miembros que componen una organización, en este caso, la Unidad de Gestión Clínica:

El Plan de Comunicación Interna de la UGC, pretende:

- **Una buena comunicación interna que propicie la motivación y la participación.**

- **Que los trabajadores transmitan una imagen positiva hacía el exterior, mejorando la imagen externa del Centro de Salud.**

DESTINATARIOS DE LA INFORMACIÓN.-

Todo el personal que desarrolla su trabajo en la Zona Básica de Salud.

TIPOLOGÍA DE LA INFORMACIÓN A DIFUNDIR.-

La información a difundir por la UGC será:

- a) Informativa
- b) Formativa
- c) Normativa

PLANIFICACIÓN DE ACCIONES.-

1) Presentación a la UGC del objetivo del Contrato Programa donde se enclava este Plan de Participación.

2) Presentación del contenido del plan.

3) Facilitar información sobre el tejido asociativo y grupos de interés que forman la comunidad a la que prestamos servicios.

4) Hacerles partícipes en la ejecución de las actividades de la comunicación externa.

ESQUEMA FUNCIONAL COMUNICACIÓN INTERNA.-

TIPO INFORMACIÓN	CONTENIDO	TEMPORALIZACION	NIVEL DIFUSIÓN	CANAL	RESPONSABLE
Informativa	Presentación del objetivo del Contrato-Programa 09	Permanente, cuando se plantea los objetivos.	A toda la UGC	Reunión grupal	Director C.de Cuidados
Informativa	Presentación del Plan de Comunicación	Presentación 3 Junio 09	A toda la UGC	Reunión grupal	Trabajadora Social UGC
Formativa	Facilitar información del tejido asociativo	Permanente	A toda la UGC	Reunión grupal	Trabajadora Social UGC
Informativa	Hacerles partícipe en la ejecución de las actividades de comunicación externa.	Permanente	A toda la UGC	Reunión grupal	Director, Coordinador de Cuidados y Trabajadora Social de la UGC

Plan de participación ciudadana

CALENDARIZACIÓN

ELABO...	...**por UGC**
RECOG... **INST. Y**...	...**por UGC**
IDENTI... **REPRES**...	...**r por UGC**
ELABORACIÓN MATERIAL DIVULGATIVO	**A valorar por UGC**
ENVIO DEL MATERIAL DE DIVULGATIVO	**A valorar por UGC**

EVALUACIÓN

- **Seguimiento y retroalimentación constante, deberemos comprobar si se están cumpliendo los objetivos previstos.**

- **Selección y/o creación de indicadores de rendimiento.**

ALCANCE DEL PLAN

El ámbito de actuación de este Plan abarca a todo/a ciudadano/a de referencia de una UGC a estudiar así como Asociaciones/ONGs/Instituciones Y Entidades de dicha ZBS. En él se puede participar de forma individual; colectiva o institucional.

Individual: Es la relación de la persona a título individual con el sistema sanitario, no centrado exclusivamente en la asistencia sanitaria, sino también en los estilos de vida, en la promoción de la salud y la prevención de la enfermedad (cuidadores no profesionales de pacientes, investigadores, representantes de entidades públicas y privadas, líderes sociales, etc.).

Colectiva: No es sólo cada individuo el que debe ejercer la capacidad para decidir, sino también, el conjunto de los ciudadanos a través de cauces organizativos como: Asociaciones de Mujeres, Jóvenes, 3ª edad, Culturales, Deportivas, Asociaciones Profesionales, Hermandades, Parroquias, Sindicatos, Partidos Políticos, Grupos informales (pandillas, peñas, etc.).

Institucionales: Administraciones públicas, Ayuntamientos, Centros Educativos, Servicios Sociales, etc.

Para intervenir en la comunidad tendremos, por tanto, que contar con el resto de los servicios y recursos con lo que cuenta, y tener una visión global, y no únicamente sanitaria, de los problemas de la misma.

Plan de participación ciudadana

SERVICIOS Y RECURSOS DE LA COMUNIDAD

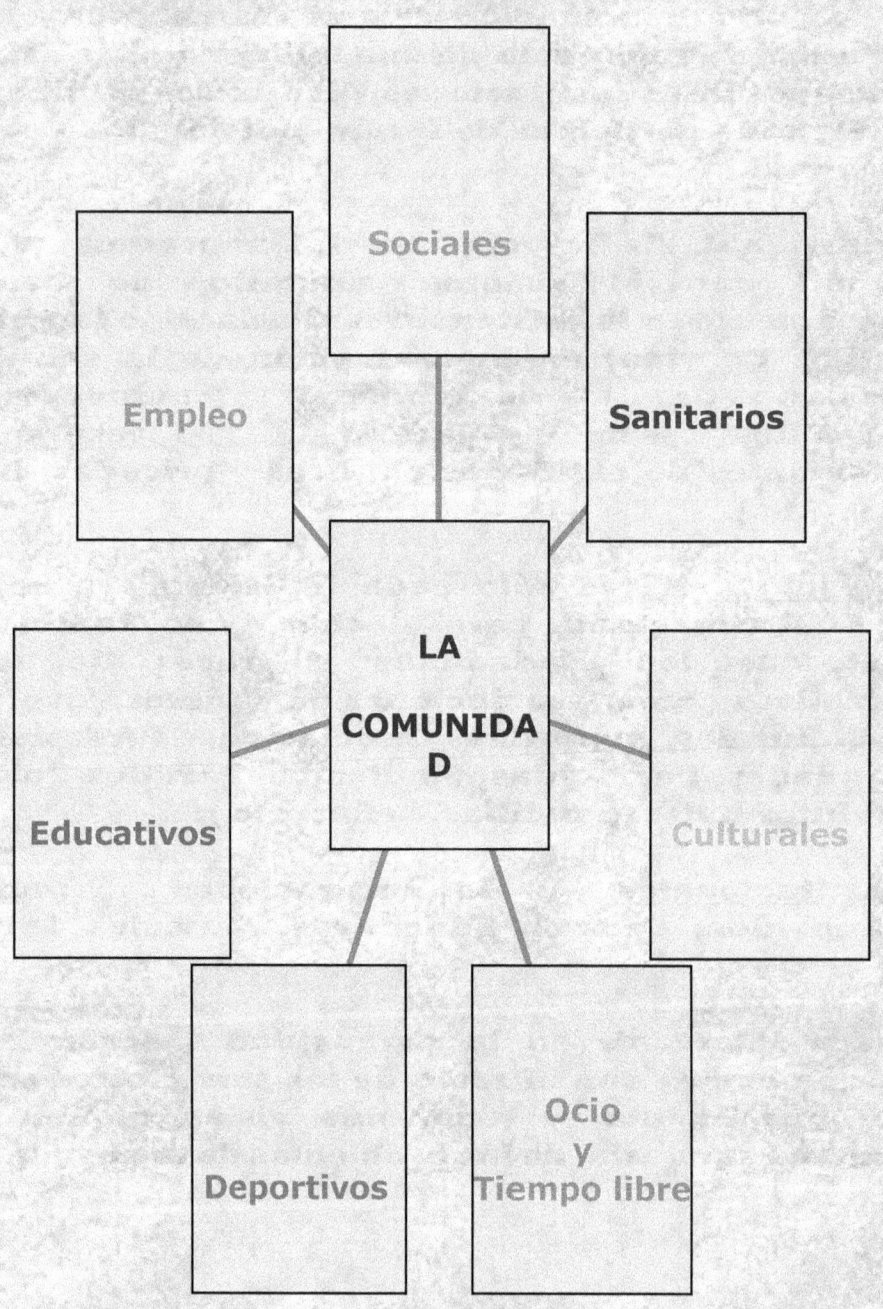

BREVE DESCRIPCIÓN DE LA POBLACION QUE ALCANZA UNA UGC
INTRODUCCIÓN

La UCG a estudiar dará cobertura sanitaria a las barriadas que la compongan, siendo estos el lugar de referencia para gestiones de competencia municipal.

Al igual en este apartado se describirán las zonas y barriadas con las que limiten, así como sus calles y avenidas más importantes.
Se detallarán su heterogeneidad, tanto por sus características urbanísticas como demográficas y tipología urbanística.

Se hace imprescindible el relato de infraestructura e histórico de la ZBS.

INFRAESTRUCTURA DE LA ZONA BÁSICA DE SALUD

VIVIENDAS

Cabe destacar diversas tipologías de barriadas de la Zona, matizando su crecimiento residencial y poblacional en cada una de ellas.
Tabulaciones y tablas a utilizar de ejemplario.

BARRIO	TOTAL
INCLUIR BARRIOS	A tabular por barrios
TOTAL	

Plan de participación ciudadana

POBLACION POR BARRIOS

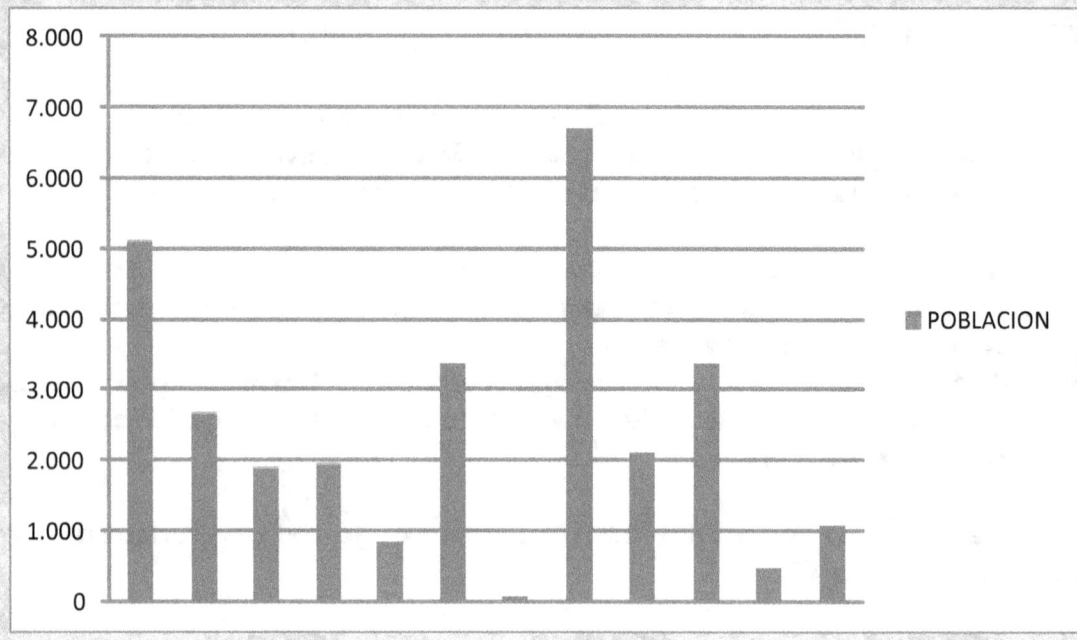

POBLACION POR SEXO

	Hombres	Mujeres	Total
0-4			
5-9			
10-14			
15-19			
20-24			
25-29			
30-34			
35-39			
40-44			
45-49			
50-54			
55-59			
60-64			
65-69			
70-74			
75-79			
80-84			
Más de 85			
TOTAL			

PIRAMIDE DE POBLACION

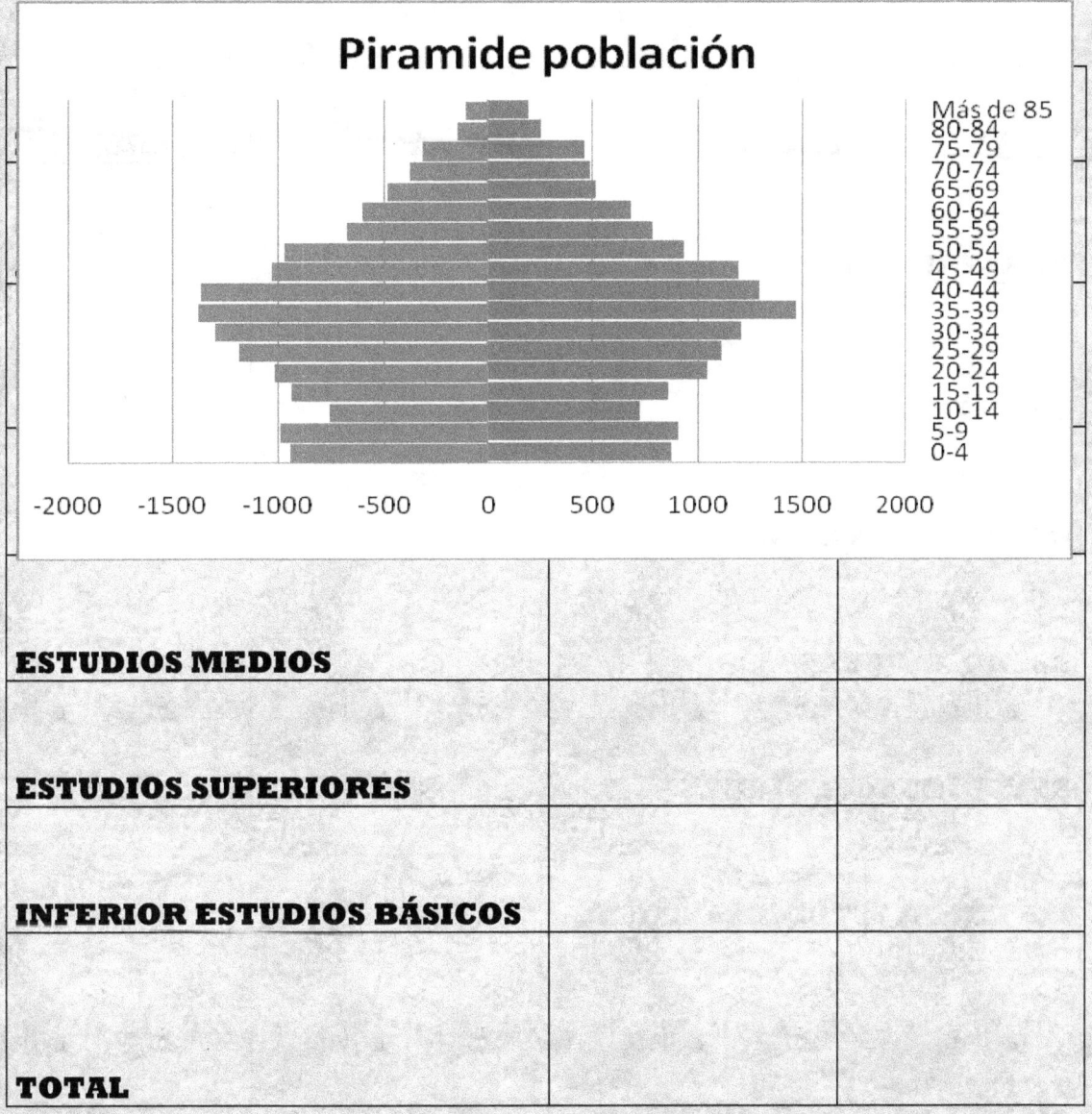

ESTUDIOS MEDIOS		
ESTUDIOS SUPERIORES		
INFERIOR ESTUDIOS BÁSICOS		
TOTAL		

Plan de participación ciudadana

NIVEL DE ESTUDIOS	HOMBRES	MUJERES
ANALFABETOS		
DESCONOCIDO		
ESTUDIOS BÁSICOS		
ESTUDIOS MEDIOS		
ESTUDIOS SUPERIORES		
INFERIOR ESTUDIOS BÁSICOS		
TOTAL		

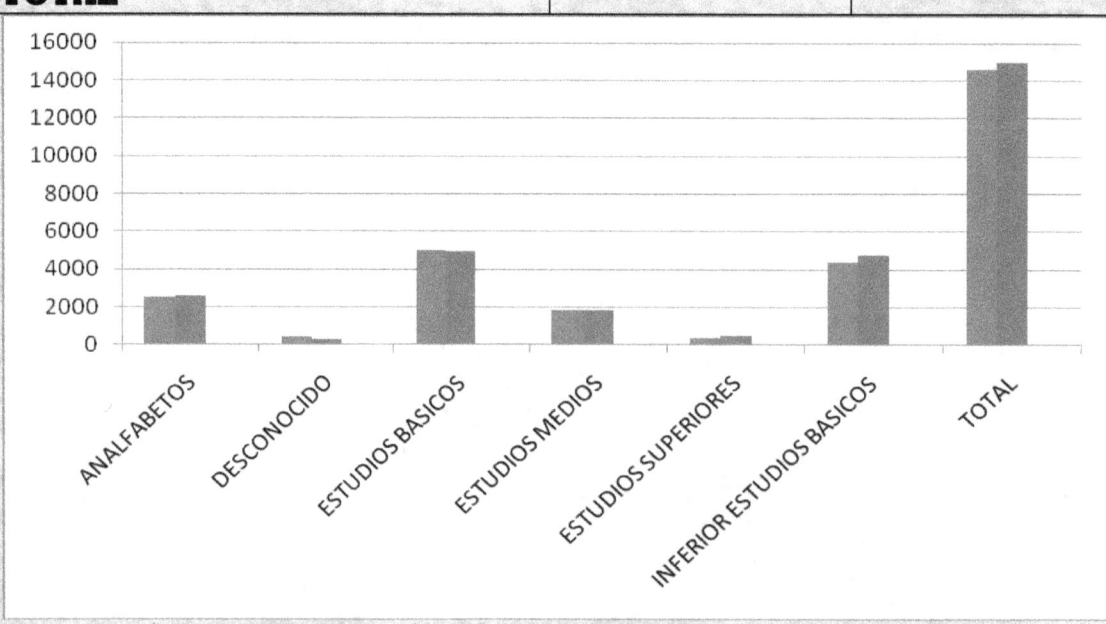

Plan de participación ciudadana

ESTRATEGIAS PARTICIPACION POSIBLES A DESARROLLAR:

ESTRATEGIAS PARTICIPACION POSIBLES A DESARROLLAR:

TRABAJO REALIZADO CON Y PARA LA COMUNIDAD:

- TALLER SOBRE ALIMENTACIÓN SALUDABLE

Dirigido: a los padres/madres de alumnos en Centros Escolares:
Lugar: en C.E.I.P de la zona
Fecha: A VALORAR POR UGC
Impartido: A VALORAR POR UGC
Asistentes: A VALORAR POR UGC

TALLER SOBRE DIABETES INFANTIL
Dirigido: profesoras y monitoras del Colegio
Lugar: Escuela de Educación Infantil
Fecha: A VALORAR POR UGC
Impartido: A VALORAR POR UGC
Asistentes: Profesores: 3   Monitores: 2

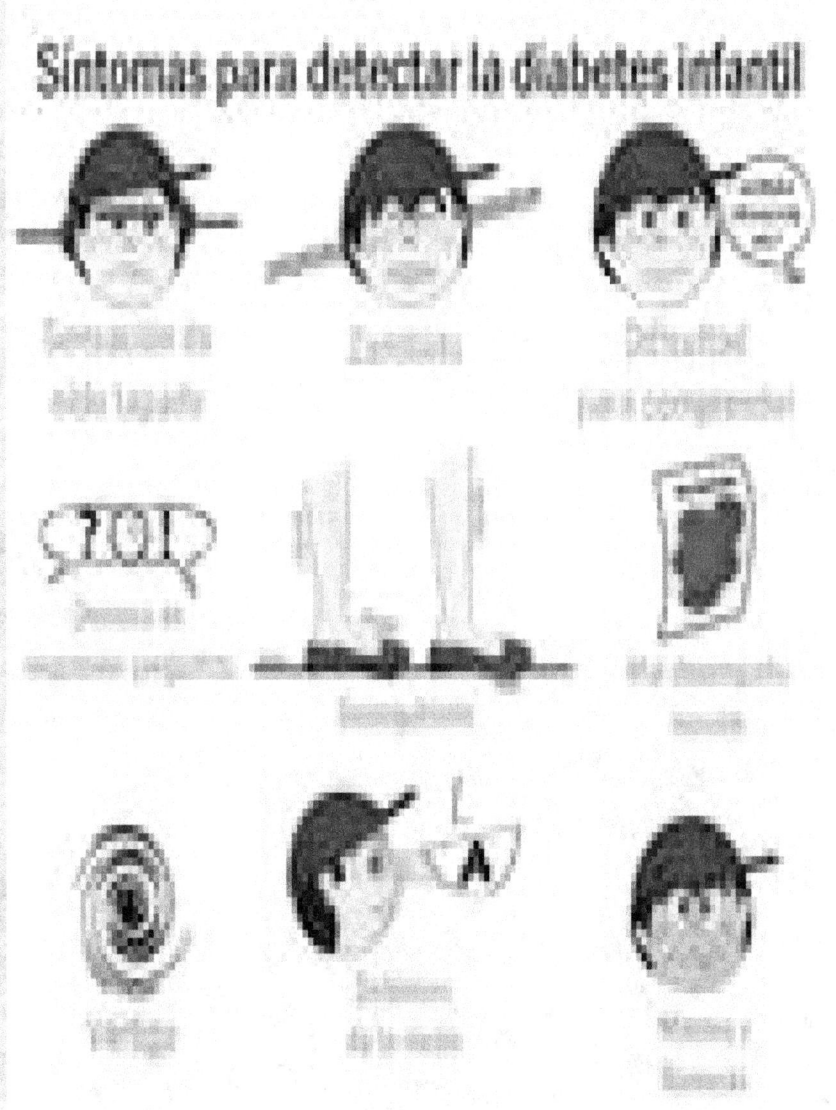

- TEJIDO ASOCIATIVO DE LA ZONA BASICA

1.- Charla sobre "Higiene Postural"
Dirigida: asistentes asociación
2.- Charla sobre "Alimentación Saludable"
Dirigida: Amas de casa y adultos para prevención de riesgos de salud"
3.- Otras: A VALORAR POR UGC
Fecha: A VALORAR POR UGC

- TALLER MASAJE RELAJACIÓN NIÑO Y ESTIMULACIÓN

Realizado: A VALORAR POR UGC

Dirigida: puérperas y padres de lactantes. Grupos abiertos y permanente, no tiene fecha fin, aconsejamos hasta 12 meses.

Material: colchonetas, CD de música, DVD, material infantil de estimulación.

Captación: durante la época de las sesiones de Educación Maternal y en la Visita Puerperal.

Objetivos: Hacer partícipes a las madres de la importancia de la estimulación precoz y masaje infantil para el desarrollo psicomotriz del niño y aumento de los lazos afectivos por el tacto y la palabra.

Realizado: Matronas/on y/o A VALORAR POR UGC

- TALLER CONSEJO DIETÉTICO INTENSIVO

Dirigido: adultos con problemas de obesidad o sobrepeso. Grupos de 10 a 15 personas.

Requisitos: deben estar preparadas para la acción y que preferentemente se ocupen de comprar, cocinar, o puedan decidir con respecto a su alimentación.

Impartido: A VALORAR POR UGC

Captación: en consultas enfermería y de medicina familia, desde donde se derivan en citan programada a la consulta de la enfermera responsable de los grupos; la cual valora condiciones de los pacientes y estadio del cambio.

CONSEJERÍA DE SALUD

GUÍA DE CONSEJO DIETÉTICO INTENSIVO EN ATENCIÓN PRIMARIA

- "PROGRAMA NO FUMAR ME APUNTO" (UBICADO DENTRO PROGRAMA FORMA JOVEN)

IAG (Intervención Avanzada Grupal): Inicio grupo: A VALORAR POR UGC Fin: A VALORAR POR UGC con un total de sesiones.

Captación: contacto personas, interesadas en dejar de fumar, (x hombres, x mujeres)

Responsable: -D.U.E. A VALORAR POR UGC

PREVISTO: FORMACION DE OTRO GRUPO A VALORAR POR UGC de las mismas características, en cuanto a los contactos con las personas que han solicitado terapia grupal para dejar de fumar.

- TALLERES "CONSEJOS PARA AFRONTAR LA OLA DE CALOR"

Fecha: A VALORAR POR UGC
Dirigido: cuidadoras informales
Responsable-D.U.E. A VALORAR POR UGC

- TALLERES "NUEVA INCORPORACIÓN DE CUIDADORAS FORMALES"

Solicitado: POR TEJIDO ASOCIATIVO.
Lugar: A VALORAR POR UGC
Responsable: - Enfermera Gestora de Casos. A VALORAR POR UGC

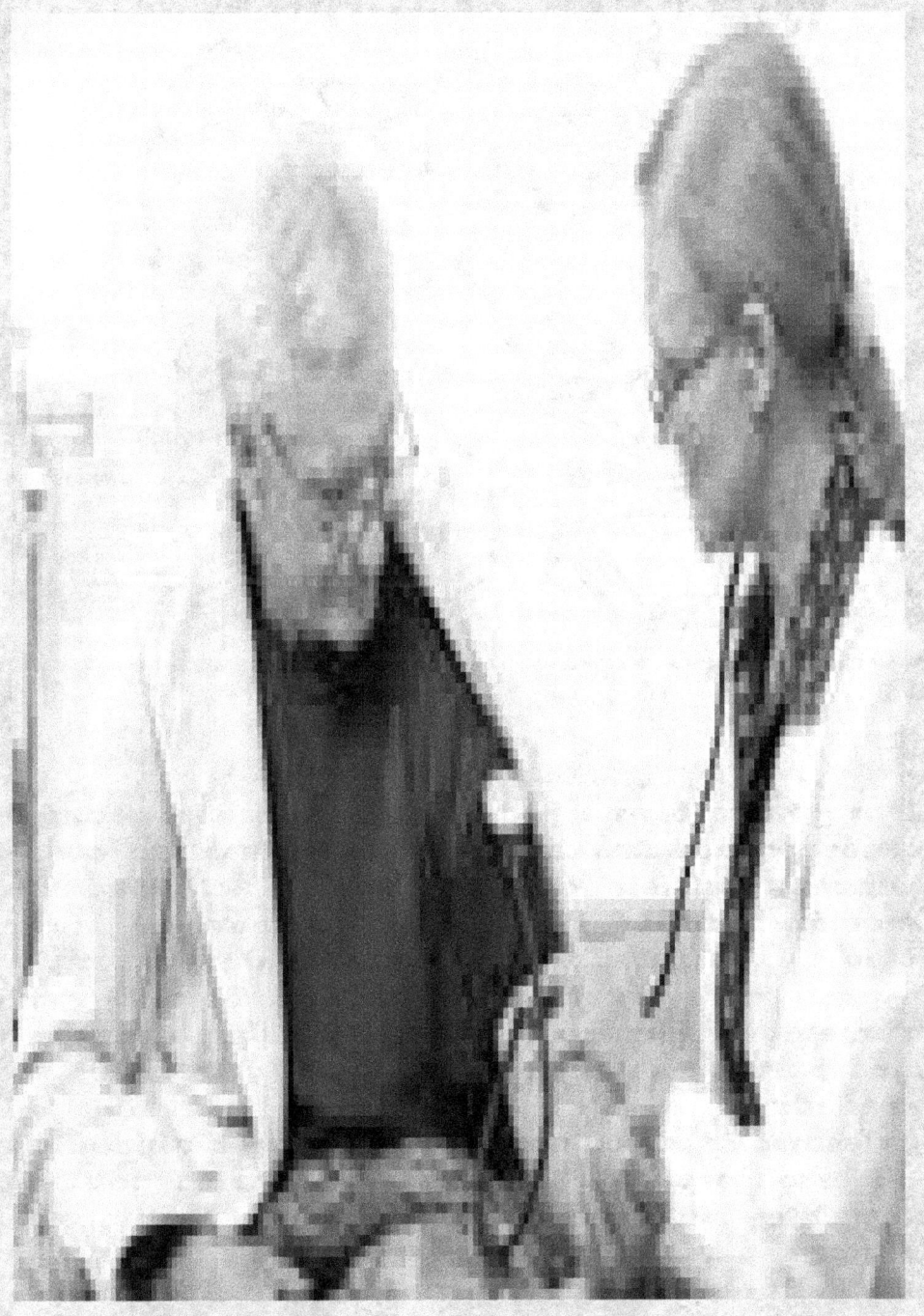

- "PROGRAMA FORMA JOVEN"

El programa forma joven está dirigido a promover entornos y conductas saludables entre la gente joven de Andalucía. Consiste en acercar las actividades de promoción de la salud y prevención de riesgos asociados a la salud, a los entornos donde conviven jóvenes y adolescentes. Se trata de aportarles instrumentos y recursos para que puedan afrontar los riesgos para su salud más comunes y frecuentes en estas edades.

Se desarrolla en los puntos Forma Joven ubicados en los diversos espacios frecuentados por la población adolescente y juvenil como son los Institutos de enseñanza Secundaria, universidades, espacios de ocio…. Ahí coinciden chicos y chicas, profesionales de educación, profesionales de la Salud y mediadores.

Plan de participación ciudadana

En las UGC, los Institutos adscritos al programa Forma Joven serán: A VALORAR POR UGC

Se podrían llevar a cabo asesorías individuales, por parte de la enfermera responsable del programa, con los alumnos en el propio instituto, ya sean en las aulas, o en la sala de reuniones del centro a impartir.

El horario de presencia de enfermería en los Institutos será: A VALORAR POR UGC

También se podrían realizar asesorías grupales en la ubicación mencionada anteriormente para las asesorías individuales. Por tanto, en un mismo día pueden realizarse asesorías de los dos tipos. A VALORAR POR UGC

El método empleado de la citación previa para los dos tipos de asesorías A VALORAR POR UGC, aunque podrían ser, a través, de los mediadores, pudiendo ser alumnos elegidos en cada clase y que se encargen de "mediar" en conflictos y hacer de puente entre alumno y profesionales, o por los orientadores. Las actividades de grupo A VALORAR POR UGC en horarios A VALORAR POR UGC pactados A VALORAR POR UGC, a través, pudiera ser de los orientadores de cada instituto. Las sesiones informativas enfocadas A VALORAR POR UGC.

Desarrollo de talleres y charlas A VALORAR POR UGC, aunque podría: sobre todo tipo de sexualidad, estilos de vida saludables, violencia de genero adicciones...que duraron aproximadamente 90 minutos a alumnos de tercero y cuarto de ESO, comercio y bachillerato.

Cada uno de las actividades de grupo así como las asesorías individuales y grupales se registran A VALORAR POR UGC

La enfermera responsable del programa podría contar con un maletín que contenga material para las actividades a desarrollar.

Las líneas de actuación previstas A VALORAR POR UGC favoreciendo la elección de las conductas más saludables, la prevención de riesgos a través de la información y contar con la participación de las familias

PARTICIPACION COMUNITARIA EN SALUD

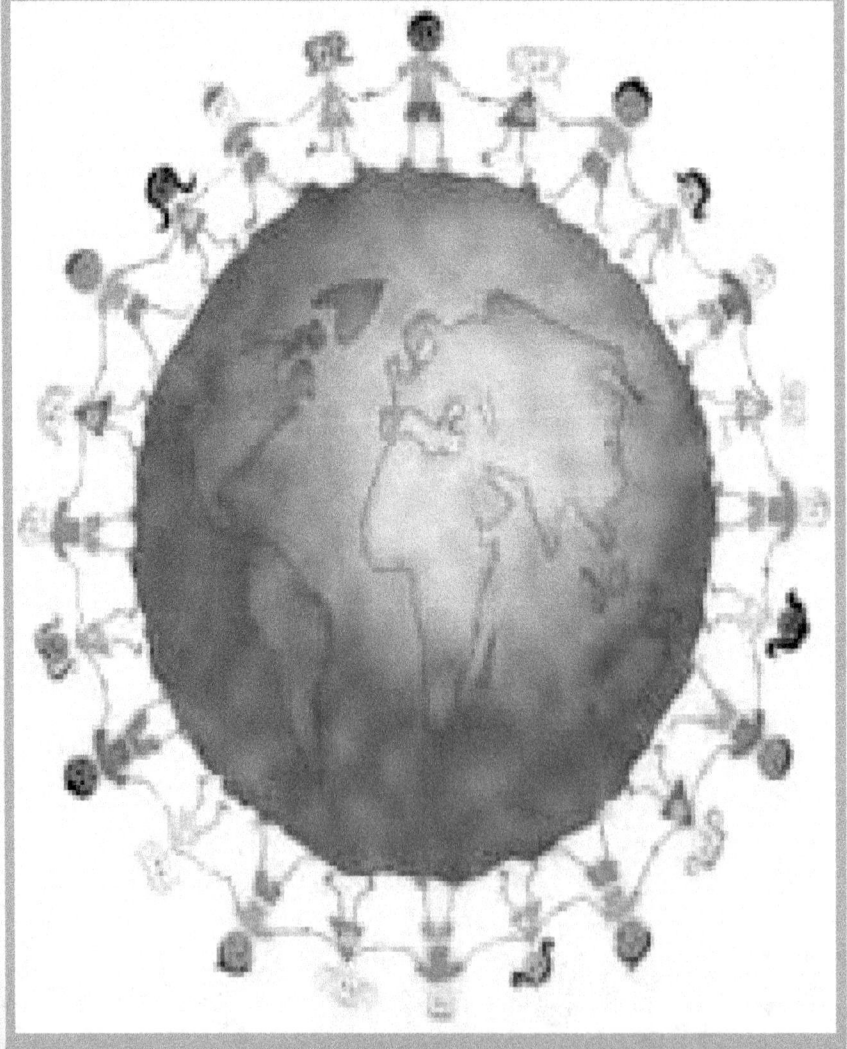

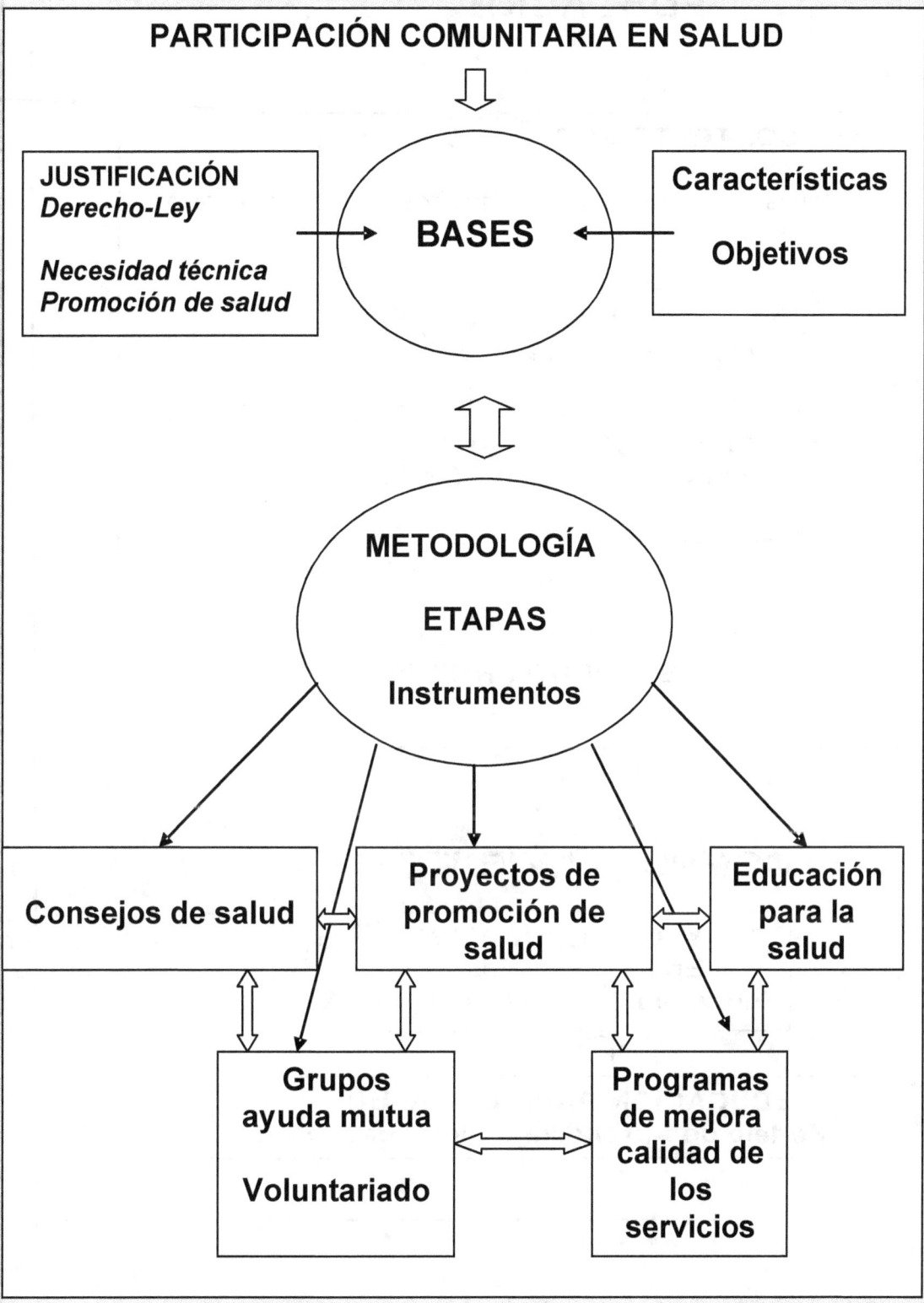

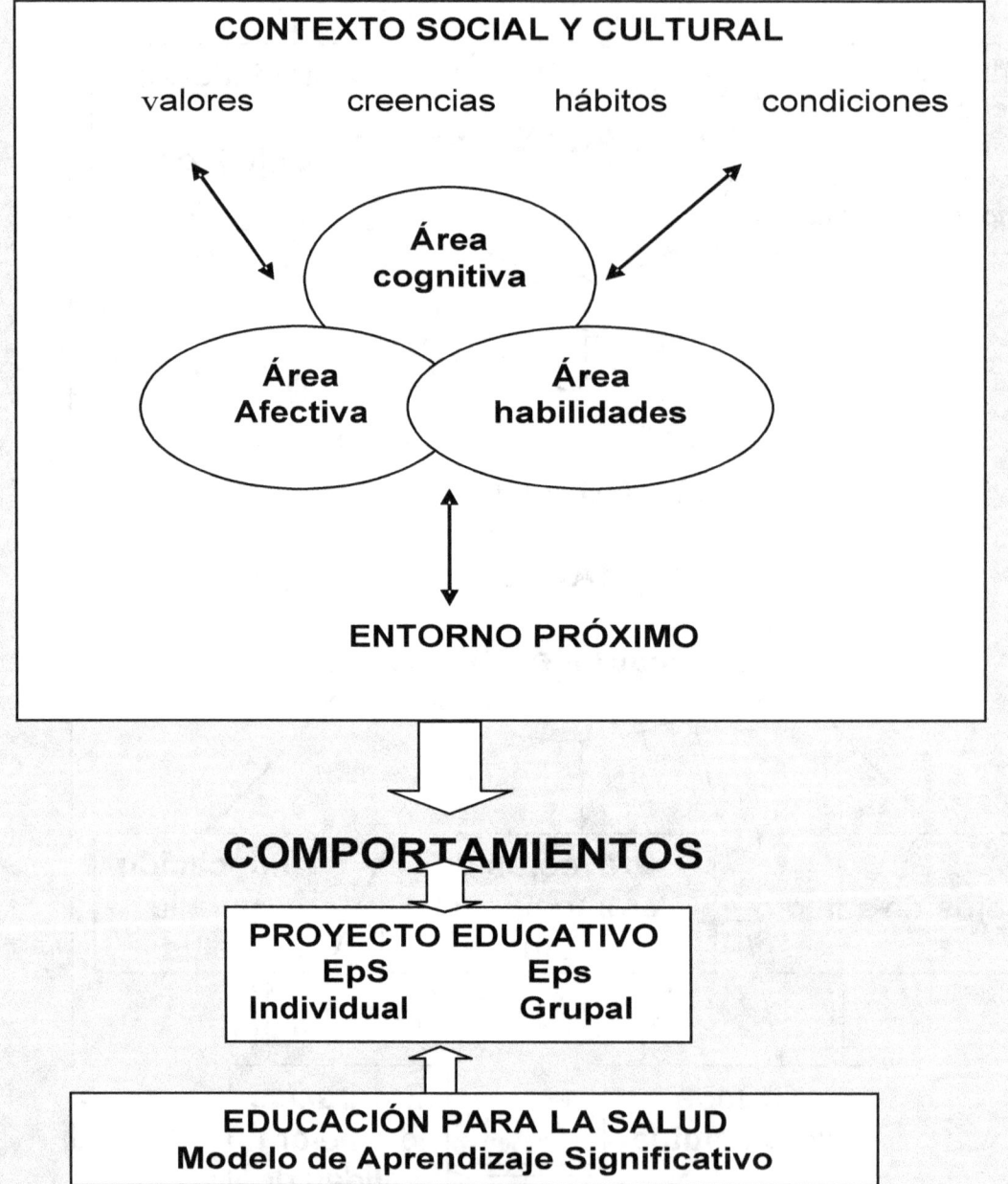

Atención a la salud / enfermedad

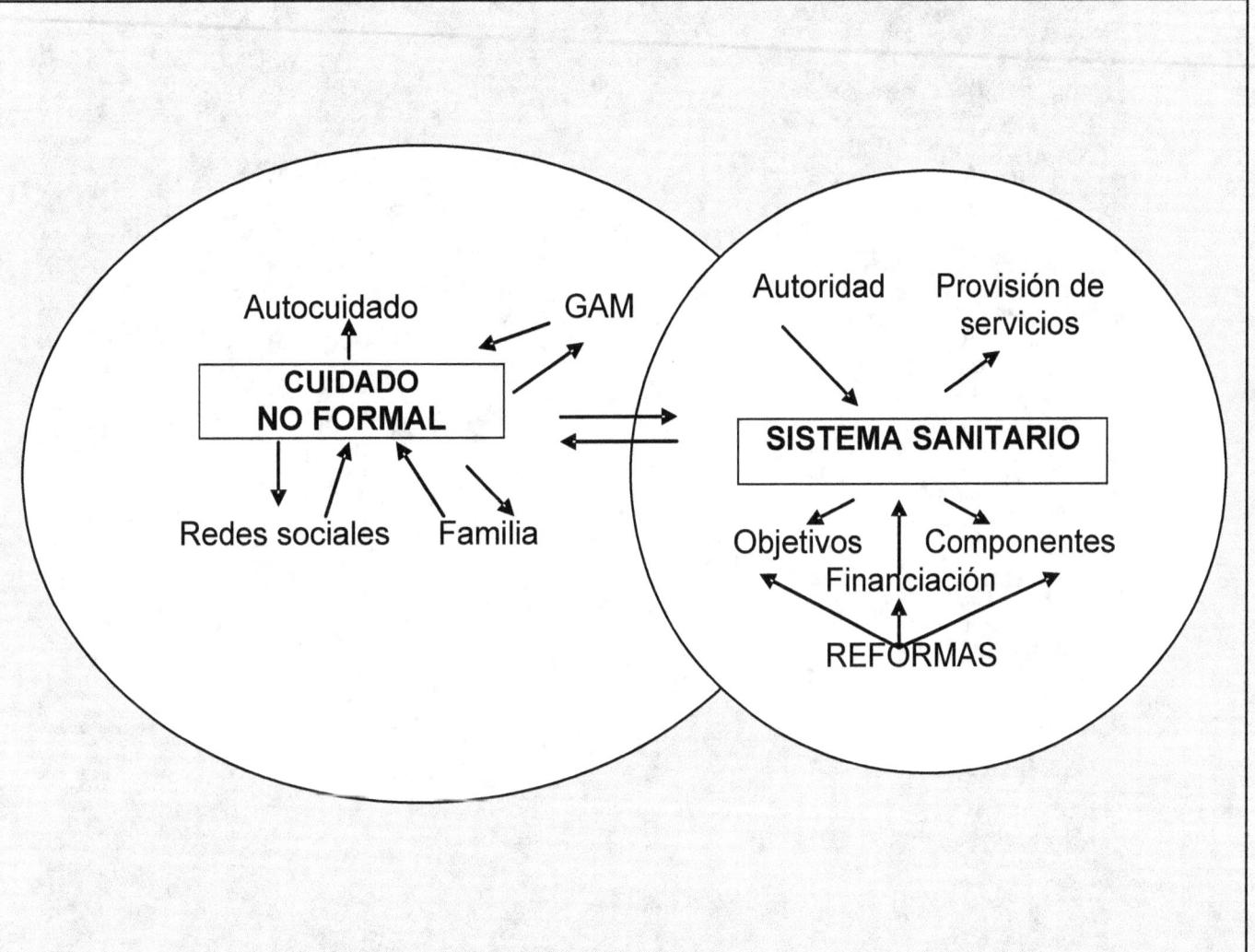

Plan de participación ciudadana

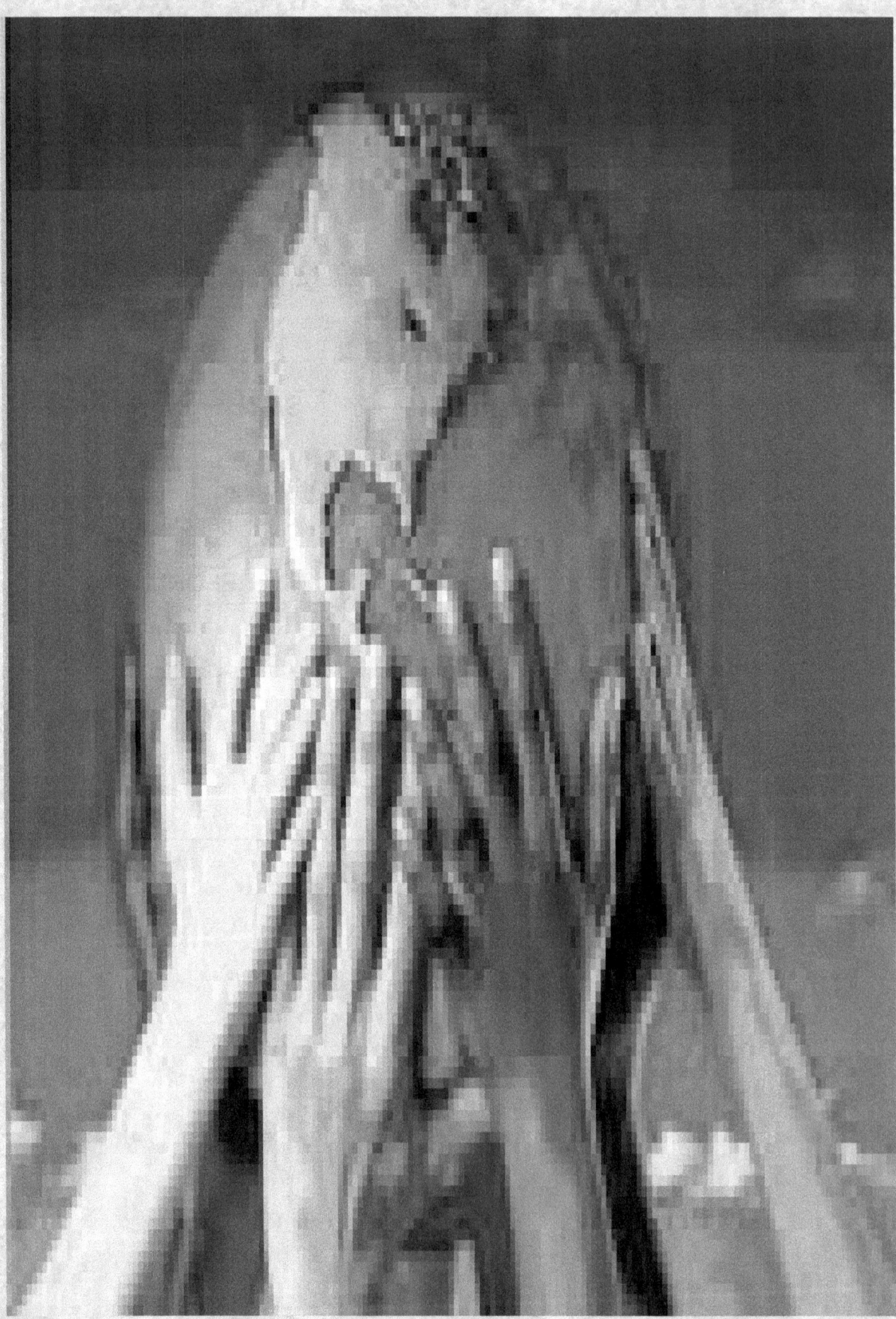

Plan de participación ciudadana

ANEXOS

Plan de participación ciudadana

ANEXO I

LISTADOS ASOCIACIONES/ONGS/INSTITUCIONES Y ENTIDADES DE UNA ZBS.

Se incluirán por áreas el tejido asociativo de la ZBS

ANEXO II

Estimado Sr. /Sra.

Como directora/or del Centro de Salud "x", me dirijo a usted con la intención de comunicarle que éste, se ha propuesto como objetivo mejorar y ampliar la información en temas relacionados con la salud de la población.

Creemos que la red de Asociaciones e Instituciones que conforman nuestra comunidad es el canal más adecuado donde poder informar sobre los servicios que prestamos: programas de salud, recomendaciones, consejos sanitarios, actividades preventivas y de educación para la salud que nuestro servicio sanitario puede facilitarles.

En este primer contacto, le adjuntamos la **"Guía de Servicios del Centro de Salud"** y le informamos, que para cualquier duda o información puede contactar con nosotros en los siguientes números; Unidad de Atención al Ciudadano: 951... Trabajadora Social: 951...

Esperando que sea de interés y utilidad esta iniciativa, le saludo atentamente.

Fecha

DIRECTORA/OR DE LA UGC

Plan de participación ciudadana

ANEXO III

GUIA DE SERVICIOS UGC

Se incluirá Guía de recursos de la UGC

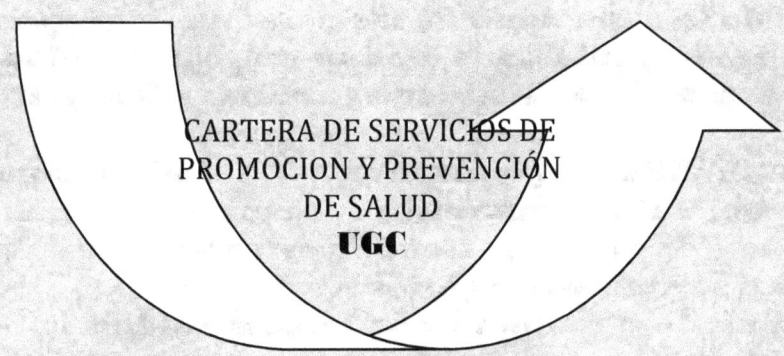

CARTERA DE SERVICIOS DE PROMOCION Y PREVENCIÓN DE SALUD
UGC

TERMINOLOGÍAS - DEFINICIONES

- **PARTICIPACIÓN COMUNITARIA (PC).** "Es la creación de oportunidades accesibles a todos los miembros de una comunidad y en conjunto a toda la sociedad, para contribuir activamente e influenciar el proceso de desarrollo compartiendo equitativamente los frutos del mismo".

    Naciones Unidas 1981.

- **PARTICIPACIÓN COMUNITARIA EN SALUD (PCS).** "Proceso en virtud del cual los individuos y familia, asumen responsabilidades en cuanto a su salud y bienestar propio y de la colectividad, y mejoran la capacidad de contribuir a su propio desarrollo y el comunitario. Llegan a conocer mejor su propia situación y a encontrar incentivos para resolver sus problemas comunes. Esto les permite ser agentes de su propio desarrollo, en vez de ser beneficiario pasivos de la ayuda al desarrollo".
    Conferencia Internacional de Alma Ata 1978.

- **ACTIVIDAD COMUNITARIA EN SALUD.** "Toda aquella actividad de intervención y participación que se realiza con grupos que presentan características, necesidades o intereses comunes y dirigidas a promover la salud, incrementar la calidad de vida y el bienestar social, potenciando la capacidad de las personas y grupos para el abordaje de sus problemas, demandas o necesidades".
    Sociedad Española de Medicina Familiar y Comunitaria.

- **COMUNIDAD.** Etimológicamente, el término comunidad proviene del latín comunitas y expresa la calidad de común, de lo que no siendo privativo de uno sólo, pertenece o se extiende a varios.
    Operativamente entenderemos la comunidad como "una agregación social o conjunto de personas que, en tanto que habitan en un espacio geográfico delimitado y delimitable, operan en redes estables de comunicación dentro de la misma, pueden compartir equipamientos y servicios comunes, y desarrollan un sentimiento de pertenencia o identificación con algún símbolo local y, como consecuencia de ello, pueden desempeñar funciones sociales a nivel local, de tipo económico (producción, distribución y/o consumo de bienes y servicios), de socialización, de control social, de participación social y de apoyo mutuo.

Plan de participación ciudadana

PARTICIPACIÓN. Se trata fundamentalmente de la participación de la comunidad en distintos aspectos de la "gestión", en sentido amplio, de los servicios de salud. Incluyen todas las interacciones que tienen lugar en los mecanismos formalizados del sistema sanitario para su gestión como Consejo de Salud, comisiones de participación, comités de dirección, comisiones de coordinación intersectorial, reclamaciones, etc. Esta clasificación no es rígida ni detiene. Relaciones que en un principio son de iniciativa del sistema sanitario pueden acabar siendo más una acción social con un alto nivel de participación y control por parte de la comunidad.

- **ACCIÓN SOCIAL.** Incluye las acciones relacionadas con el sector salud de múltiples actores, desde organizaciones formales a toda la gama de asociaciones y grupos con un grado variable de formalización y continuidad y a los individuos. Se genera en el exterior del sistema sanitario, es la hegemonía social y se traduce en necesidades que no siempre se hacen explícitas, o se resuelven autónomamente. En su más alta expresión es capaz de transformar la organización social y la organización de los servicios.

    Se trata del proceso por el cual los grupos, agentes y personas implicados en la Promoción de la Salud se implican en la identificación y mejora de aquellos aspectos de la vida cotidiana, la cultura y la actividad política relacionados.

    Se dirige sobre todo a modificar el entorno social, aunque a veces mejora la competencia de las personas o los comportamientos individuales. Existen muchas formas de acción social entre las que señalamos el autoayuda y los grupos de autoayuda, el voluntariado, las redes sociales, la educación comunitaria, la acción política y la abogacía por la salud.

- **CONCEPTO DE SALUD. VISIÓN INTEGRAL Y ECOLÓGICA.** "Un estado de completo bienestar físico y social, y no solamente la ausencia de afecciones o enfermedades".
    El goce del grado máximo de salud que se puede lograr, es uno de los derechos fundamentales de todo ser humano, sin distinción de raza, religión, ideología política o condición económica o social.

OMS. DECLARACIÓN FUNDACIONAL 1946.

- **CONCEPTO DE SALUD.** " La capacidad del individuo para mantener un estado de equilibrio apropiado a su edad y a sus necesidades sociales, en el que éste está razonablemente indemne de importantes incomodidades, incapacidad, satisfacciones o enfermedad, así como la capacidad de comportarse de tal forma que asegure la supervivencia de su especie tanto como su propia realización personal. **Blum.**

- **AGENTE DE SALUD COMUNITARIA.** "hombre/mujer, motivados, escogidos por la comunidad, adiestrados para enfrentarse a los problemas de salud y a la vez trabajar en estrecha relación con los servicios de salud".
  Todo ello en aras a conseguir que los individuos y grupos adopten conductas positivas saludables.

- **EDUCACIÓN PARA LA SALUD.** "Según la OPS/OMS, la educación para la salud puede definirse desde dos vertientes. Por una parte, la educación para la salud considerada como fin consiste en proporcionar a la población los conocimientos, habilidades y destrezas necesarias para la promoción y protección de la salud (individual, familiar y de la comunidad). Por otro lado, la educación para la salud considerada como medio contribuye a capacitar a los individuos para que participen activamente en definir sus necesidades y elaborar propuestas para conseguir unas determinadas metas en salud.

- **PROMOCIÓN PARA LA SALUD.** "Proceso mediante el cual los individuos y las comunidades están en condiciones de ejercer un mayor control sobre los determinantes de salud y de ese modo mejorar su estado de salud".

Plan de participación ciudadana

BIBLIOGRAFIA

- ¿Cómo iniciar un proceso de intervención y participación comunitaria desde un centro de salud. De la reflexión a las primeras intervenciones.
 semFYC (Sociedad de Medicina de Familia y comunitaria. Segunda Edición)

- Participación de la comunidad en el desarrollo de su salud: un desafío para los servicios de salud.
OMS, serie informes Técnicos, 809. Ginebra 1991.

- Comunidad, participación y desarrollo. Teoría y metodología de la intervención comunitaria.
Marco Marchioni. Editorial Popular. 1999.

- Declaración de Yaharta sobre la Promoción de Salud en el siglo XXI.
En Rev. Comunidad, publicación periódica del Programa de Actividades Comunitarias en Atención Primaria, n° o, semFYC, 1997.

- Como incorporar la perspectiva de la Ciudadanía en los Servicios.
Curso EASP. Edición 2009

- Programa "Conócenos".
Unidad de participación - Hospital Infanta Margarita

-Participación ciudadana: Tipificación y registro de acciones para la Evaluación
Área Hospitalaria Centro-Oeste de Huelva. 2009

- Participación Ciudadana
Servicio Andaluz de Salud. Dirección de Asistencia Sanitaria. Subdirección de Organización y Cooperación Asistencial. Coordinación Sanitaria y Social.

Soportes Normativos de las estrategias de participación en salud.
Julia Sagrario Llosa

-Elementos a tener en cuenta en actividades de participación con la ciudadanía.
E.A.S.P. María Eugenia Gómez Martínez- María Teresa Gijón Sánchez. 2009

-*Constitución Española: Ley 14/1986*, de 25 abril, general de Sanidad.

Plan de participación ciudadana

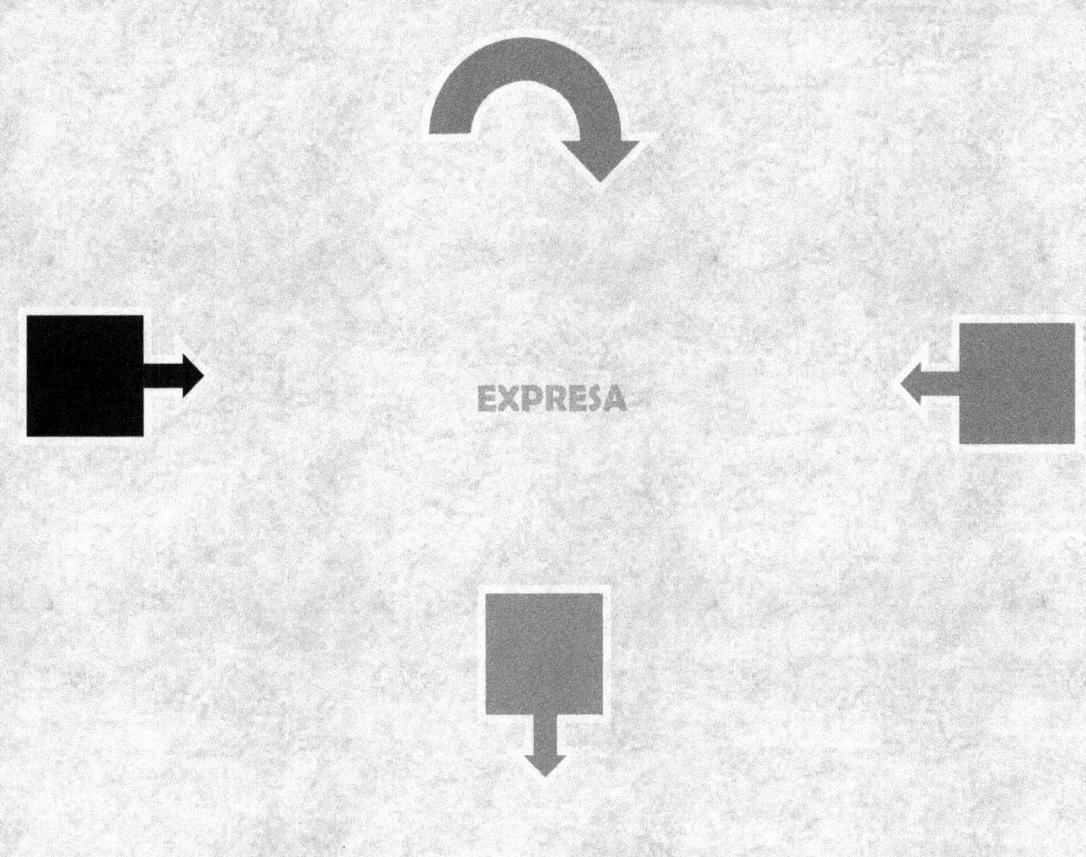

Plan de participación ciudadana

> No podemos eludir la impresión de que el hombre suele aplicar cánones falsos en sus apreciaciones, pues mientras anhela para sí y admira en los demás el poderío, el éxito y la riqueza, menosprecia, en cambio, los valores genuinos que la vida le ofrece.
>
> Sigmund Freud
> *El malestar en la cultura*

Plan de participación ciudadana

LA PARTICIPACION GENUINA CON INTEGRACIÓN DE LA COMUNIDAD

www.ingramcontent.com/pod-product-compliance
Lightning Source LLC
Chambersburg PA
CBHW081050170526
45158CB00006B/1932